Gisbert Strotdrees · Gabi Cavelius

Was dreht sich da in Wind und Wasser?

Energie aus der Natur

Landwirtschaftsverlag GmbH
Münster-Hiltrup

INHALT

Energiequelle des Lebens

DIE SONNE

Die Sonne ist der Mittelpunkt unseres Planetensystems – und unseres Lebens. Sie spendet die Energie, die alle Lebewesen auf der Erde benötigen.

Kaum zu glauben, aber wahr: Wir Menschen sind mit Sonnenenergie geladen. Wenn ihr zum Beispiel mit euren Skateboards durch die Gegend fahrt, dann stammt die Kraft eures Körpers letztlich von der Sonne. Die Sonnenenergie habt ihr in eurem Körper gespeichert. Sie kommt von dem, was ihr gegessen habt. Die Energie der Nahrung wiederum stammt von den Pflanzen, die die Energie der Sonne „getankt" haben, oder von den Tieren, die die Pflanzen gefressen haben. So hängt alles Leben auf der Erde direkt oder indirekt von der Sonne ab. Sie ist auch der Motor für Wasser, Wind und Wetter. So lässt die Sonne das Wasser der Meere und Flüsse verdunsten und in die Luft steigen. Als Regen, Nebel oder Schnee fällt das Wasser wieder auf die Erde und fließt durch Bäche und Flüsse ins Meer.

Auch der Wind hat seine Kraft letztlich von der Sonne. Sie erwärmt die Luft, aber das tut sie nicht überall gleichzeitig. In der Wüste zum Beispiel ist es einfach heißer als bei uns. Und bei uns wiederum ist es wärmer als am Nordpol. Außerdem ist es über dem Meer kühler als über dem Land. Die Luft über diesen unterschiedlich erwärmten Gegenden der Erde ist ständig in Bewegung. Diese Bewegung – das ist nichts anderes als Wind.

Ein Surfer oder ein Segelboot wird also letztlich von der Sonnenenergie vorwärts bewegt. Und ohne den Wind, die Energie von der Sonne, stünde ein Windrad oder eine Windmühle still.

Die Sonne ist ...

„... ein gigantischer Glutball", sagt der Astronom.

„... wichtig für meine Pflanzen auf dem Acker", sagt der Bauer.

„... gut fürs Geschäft", sagt der Eisverkäufer.

„... die Garantie für schöne Ferientage", sagt der Urlauber.

„... meine Stromquelle", sagt der Besitzer einer Solarzelle.

„... gefährlich für die Augen", sagt der Augenarzt.

„... ein Stern wie jeder andere", sagt ein Außerirdischer (wenn es ihn gibt).

Den Wind ernten

WINDRAD

Windräder sind überall auf dem Land zu sehen: hohe runde Türme, an denen sich Flügel drehen. Sie fangen die Kraft des Windes ein und wandeln sie zu elektrischem Strom. Aber wie?

Ein Windrad muss dem stärksten Sturm standhalten. Deshalb ist der **Turm** aus dickem Stahl oder Beton gefertigt. Er steht auf einem tiefen Sockel aus Beton. Innen ist der Turm hohl. Auf Treppen oder Leitern kann man nach oben klettern. Oben auf dem Turm sitzt ein Gehäuse, die **Gondel.** Darin dreht sich eine lange Achse, die **Rotorwelle.** Auf ihr sind außen die **Flügel** geschraubt. Die Flügel sind geschwungen. So kann der Wind sie besser in Gang setzen. Wer einmal versucht hat, einen Drachen steigen zu lassen, der weiß: Wind ist ziemlich eigenwillig. Mal bläst er stärker, mal schwächer und dann dreht er auch noch ständig seine Richtung. Deshalb sitzen hinten auf der Gondel eine kleine **Windfahne** und ein **Messgerät.** Sie ermitteln, aus welcher Richtung der Wind gerade bläst und wie stark oder wie schwach er ist. Ein Computer in der Gondel berechnet die Daten. Er sorgt dafür, dass sich die Gondel immer richtig in den Wind dreht. Der Computer in der Gondel sorgt auch dafür, dass sich die **Flügelblätter** auf den Wind einstellen. Je nach Windstärke können die Flügelblätter mit ihrer flachen Seite nach hinten oder nach vorne gedreht werden. So können sie die Luftströmung des Windes am besten ausnutzen.
Die Flügel setzen die Achse in der Gondel in Bewegung.
Am hinteren Ende der Achse ist ein **Generator** angeschraubt.
Er funktioniert ähnlich wie der Lichtdynamo an eurem Fahrrad. Wenn er sich schnell dreht, entsteht elektrischer Strom.

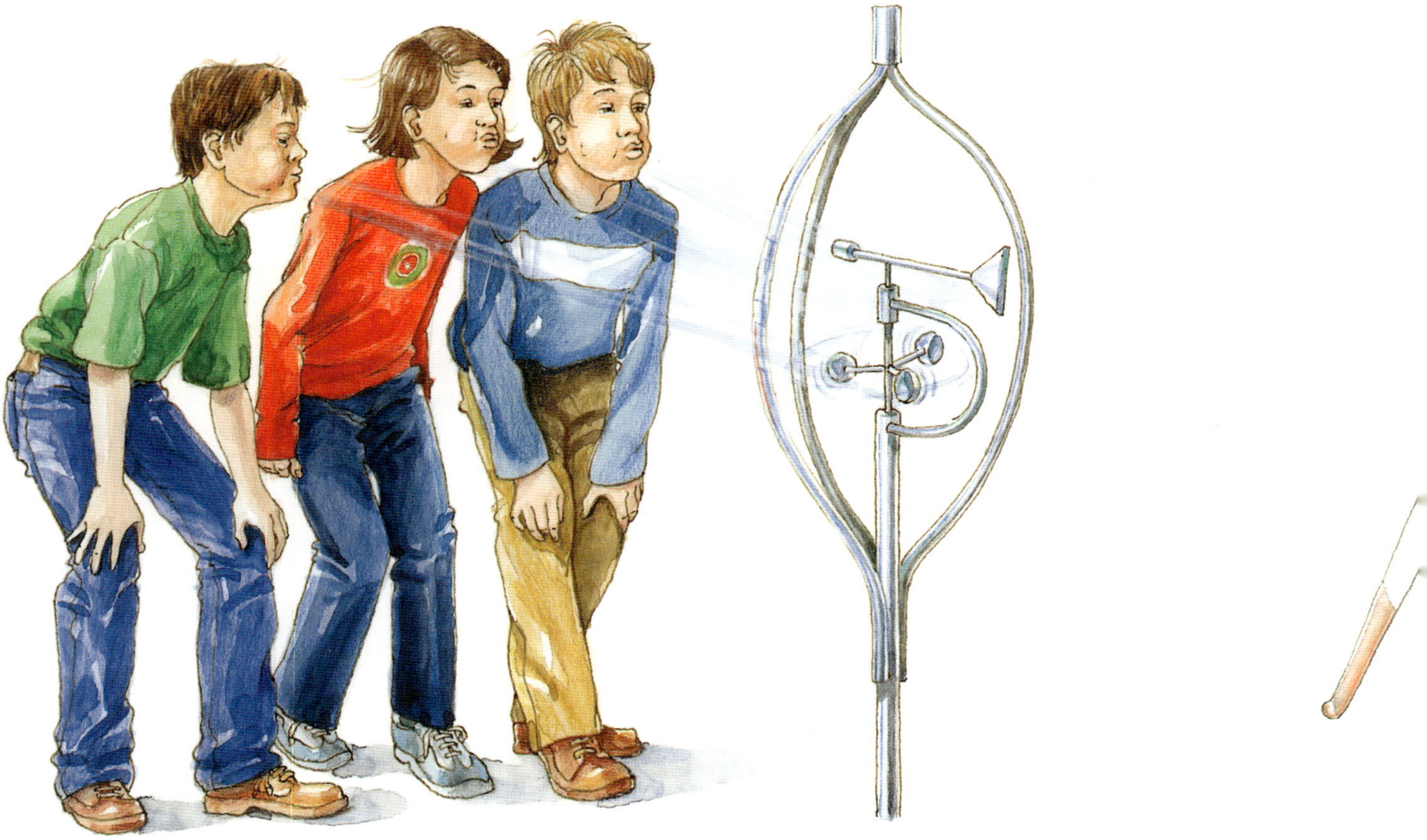

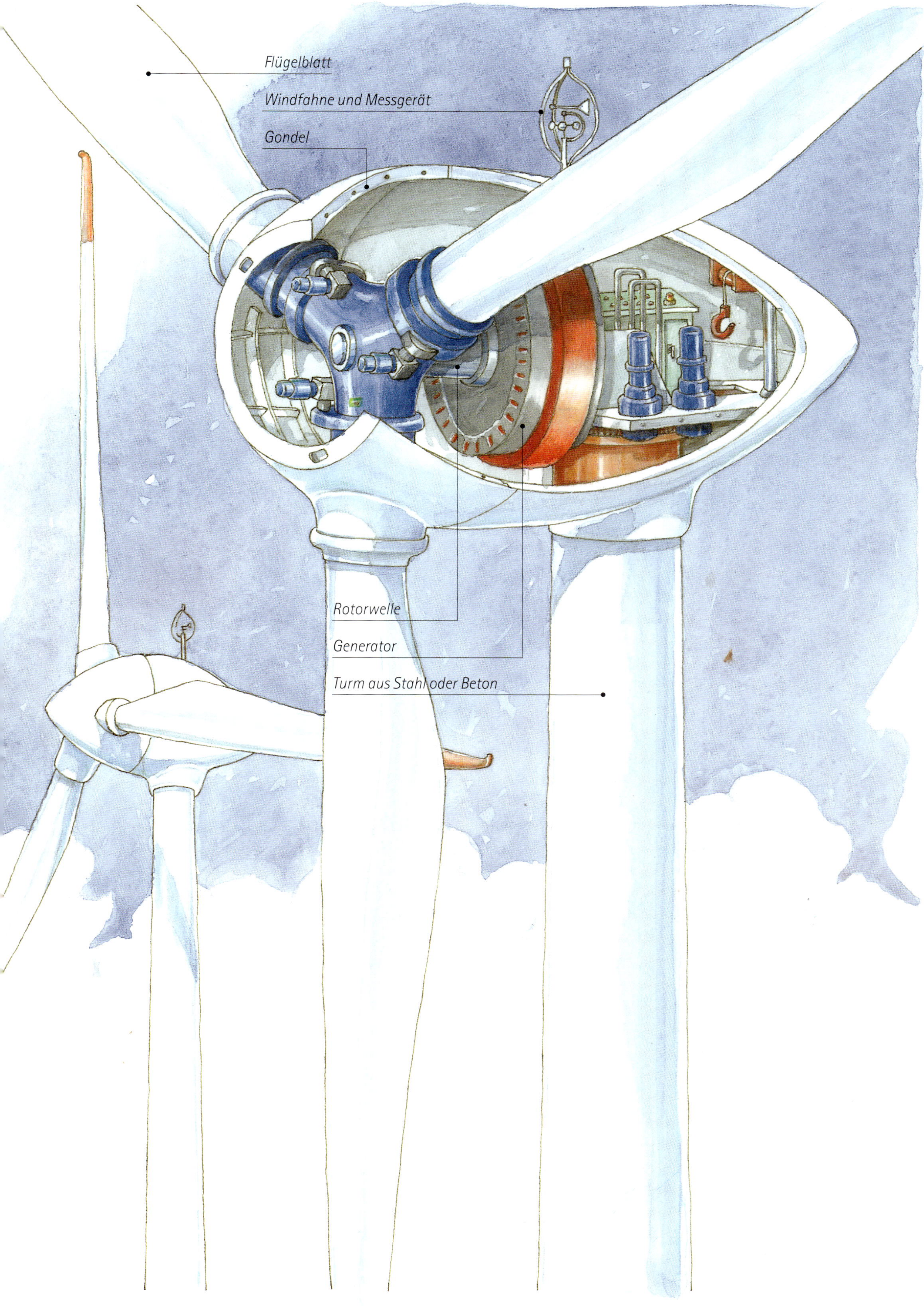
Flügelblatt
Windfahne und Messgerät
Gondel
Rotorwelle
Generator
Turm aus Stahl oder Beton

Strom aus der Spule

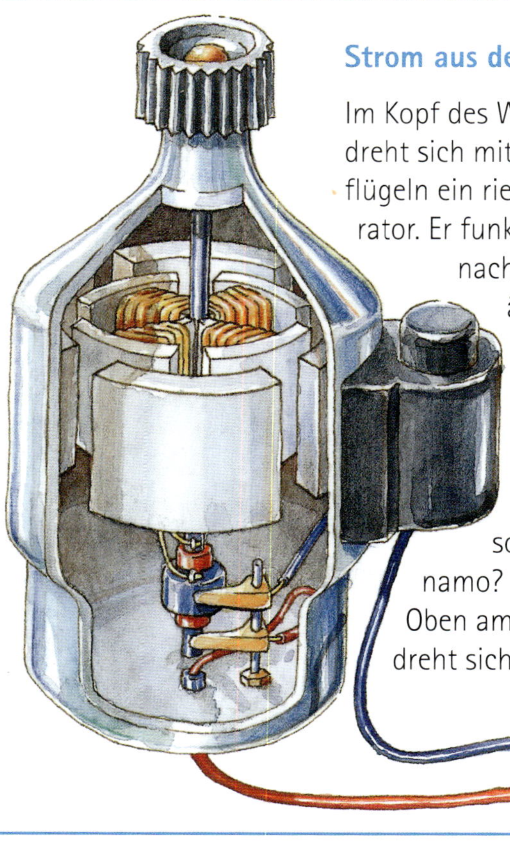

Im Kopf des Windrads dreht sich mit den Windflügeln ein riesiger Generator. Er funktioniert nach einem ähnlichen Prinzip wie ein Fahrraddynamo. Aber wie funktioniert so ein Dynamo?
Oben am Dynamo dreht sich ein Antriebsrädchen. Es setzt eine Stange in Gang, die ins Gehäuse des Dynamos reicht. An dieser Stange hängt im Gehäuse eine runde Spule. Auf ihr ist Kupferdraht aufgewickelt. Diese Spule dreht sich in einem Mantel aus Magneten. Die Magneten stehen fest. Sie bewegen sich also nicht. Magneten besitzen eine unsichtbare Kraft. Dass sie Eisenteile anziehen, habt ihr alle schon einmal gesehen. Magneten können aber noch mehr: Wenn ein Draht sich am Magneten entlang bewegt, geraten im Draht winzige Atomteilchen, die Elektronen, in Bewegung. Diese Bewegung ist nichts anderes als elektrischer Strom. Genau das passiert im Dynamo. Der Magnetmantel setzt die Elektronen im aufgewickelten Kupferdraht in

Strom für 1000 Häuser

Hohe Kräne werden ausgefahren, wenn ein Windrad aufgebaut wird. An langen Seilen halten Arbeiter die Flügel fest, damit sie nicht gegen den aufgestellten Turm schlagen. Sind die Flügel fertig aufgeschraubt, können sie sich bald im Wind drehen.
Der Wind muss gar nicht stark blasen. Schon eine leichte Brise reicht, damit die Flügel ihre Kreise ziehen können.
Die Flügel sind besonders geschwungen. So können sie selbst schwachen Wind einfangen. Trotzdem ist so ein Windkraftwerk ganz schön stark.
Gemessen wird seine Kraft in „Kilowatt" (kW). Mittelgroße Anlagen haben etwa 600 kW, große Anlagen etwa 1500 kW. Diese Stärke erreicht das Windkraftwerk aber erst, wenn es auf vollen Touren läuft. Dazu muss der Wind kräftig blasen. Er muss eine Geschwindigkeit von etwa 13 Metern pro Sekunde erreichen – die Experten sprechen dann von Windstärke 6 bis 7. Wenn es noch stärker stürmt, muss das Windrad abgeschaltet werden. Dann stehen die Flügel still. Denn sonst würde das Windrad schnell zerstört.
Es gibt aber bei uns nicht nur windige und stürmische Tage, sondern auch mal Tage, an denen die Luft stillsteht. Übers Jahr gesehen schafft es eine moderne, 1500 kW starke Windkraftanlage, genug Strom für etwa 1000 Haushalte zu erzeugen.

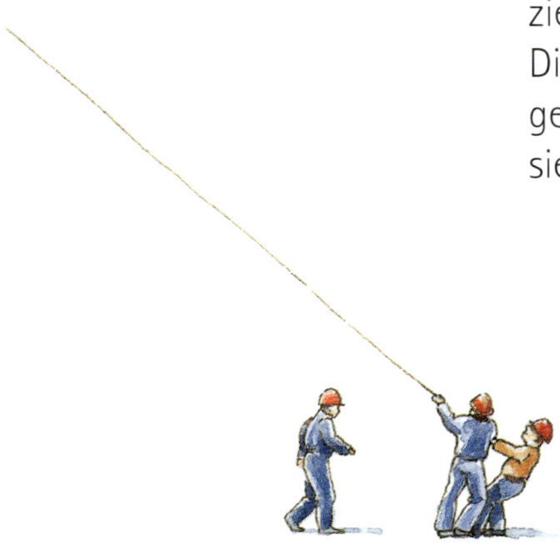

Bewegung. Es entsteht Strom. Am Fahrrad leuchten Vorder- und Rücklicht.
Der Generator im Windrad ist natürlich viel größer und stärker. Er kann deshalb auch viel mehr Strom erzeugen.

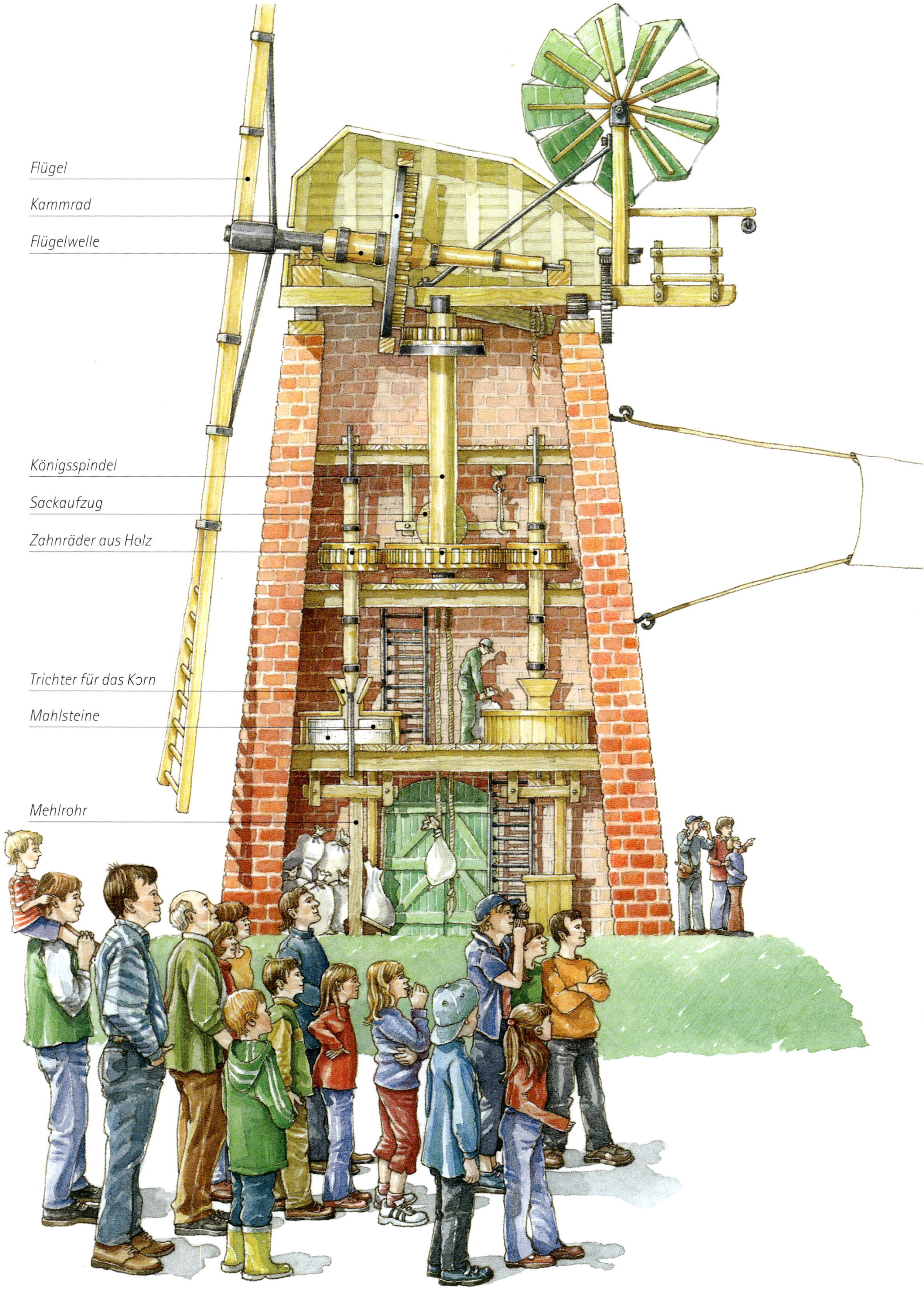
Flügel
Kammrad
Flügelwelle
Königsspindel
Sackaufzug
Zahnräder aus Holz
Trichter für das Korn
Mahlsteine
Mehlrohr

Korn mahlen mit dem Wind

WINDMÜHLE

Windmühlen sind die „Großeltern" der modernen Windräder. Die Mühlen haben die Kraft des Windes genutzt, um Korn zu mahlen.

Als es noch keinen elektrischen Strom gab, haben die Menschen das Korn in Mühlen gemahlen. Es gab zwei Arten von Mühlen: Die einen wurden vom Wasser angetrieben, die anderen vom Wind.

Die Windmühle hatte hierzulande meistens vier **Flügel.** Der Müller bespannte sie mit schweren Leinentüchern. So konnten sie den Wind bestens einfangen. Die Flügel setzten die schwere **Flügelwelle** in Gang.

Riesige Zahnräder gaben die Kraft an die **Königsspindel** weiter, die dann wiederum über Zahnräder die schweren **Mahlsteine** zum Drehen brachte. Zwischen diesen Mahlsteinen wurde das Korn zu Mehl gemahlen.

Früher gab es in jedem Dorf solch eine Mühle. Heute sind die meisten abgebrochen, weil man sie nicht mehr benötigt. Einige aber stehen bis heute – und manche funktionieren sogar noch.

Bock oder Kappe?

Der Wind ändert seine Richtung. Deshalb muss die Windmühle – genau wie das Windrad – ihre Flügel immer wieder neu ausrichten. Dafür gibt es zwei Möglichkeiten: Entweder wird das ganze Mühlengebäude auf einem Ständer, dem „Bock", gedreht – das ist dann eine **Bockwindmühle** (links).

Oder es dreht sich bei der Mühle nur der obere Teil, die „Kappe" mit den vier Flügeln – das ist dann eine **Kappenwindmühle** (rechts). Auch die modernen Windräder sind im Prinzip Kappenwindmühlen, denn auch bei ihnen dreht sich nur der obere Teil, die Gondel, auf dem fest stehenden Turm.

Mahlsteine
Zahnräder
Welle
Wasserrad

Mahlen mit fließendem Wasser

WASSERMÜHLE

„Es klappert die Mühle am rauschenden Bach ..." – dieses Volkslied erzählt von einer Zeit, als an vielen Flüssen und Bächen Wassermühlen arbeiteten.

Das Wasser des Baches oder Flusses setzt ein großes Holzrad mit Schaufeln in Gang. Dieses **Wasserrad** ist auf eine mächtige Stange gesteckt und mit Holzkeilen befestigt.
Mit dem Wasserrad dreht sich die schwere Stange, die so genannte **Welle.** Sie leitet die Kraft des Wassers in das Innere der Mühle. Dort wird die Kraft über mehrere **Zahnräder** weitergegeben – aber auf eine besondere Art und Weise: Zwei Mal greift jeweils ein größeres in ein kleineres Zahnrad, das sich dann entsprechend schneller dreht. „Zweistufiges Getriebe" sagt dazu der Fachmann. Es sorgt dafür, dass sich am Ende die **Mahlsteine** recht fix drehen. Sie sind etwa 12- bis 15-mal schneller als das Wasserrad, das draußen vor sich hin plätschert.

Was Mühlen alles können

Wassermühlen konnten früher viel mehr als „nur" Korn mahlen.
Es gab zum Beispiel Mühlen, in denen die Wasserkraft schwere Hämmer auf und ab bewegte. In den Mühlen wurden Schwerter, Messer oder Sensen geschmiedet. Andere Wassermühlen waren so gebaut, dass sie stampfen, Holz sägen oder auch Glas schleifen konnten. Wieder andere zerrissen alte Lumpen, zerstampften sie zu einem Brei, aus dem man dann Papier schöpfte – Papiermühlen also.
All das wird heute in großen Fabriken erledigt. Die alten Wassermühlen sind längst „arbeitslos" geworden. Viele sind schon lange abgerissen. Einige sind heute Museen, von anderen stehen nur noch Ruinen. Aber seit einiger Zeit sind Wassermühlen wieder nützlich, denn sie können die Wasserkraft in elektrischen Strom umwandeln.

Strom aus Wasser schöpfen

WASSERKRAFTWERK

An vielen größeren Bächen und Flüssen gibt es noch immer Wassermühlen. Statt der alten Mahlsteine dreht sich in ihnen eine Turbine. Sie wandelt die Kraft des Wassers in elektrischen Strom.

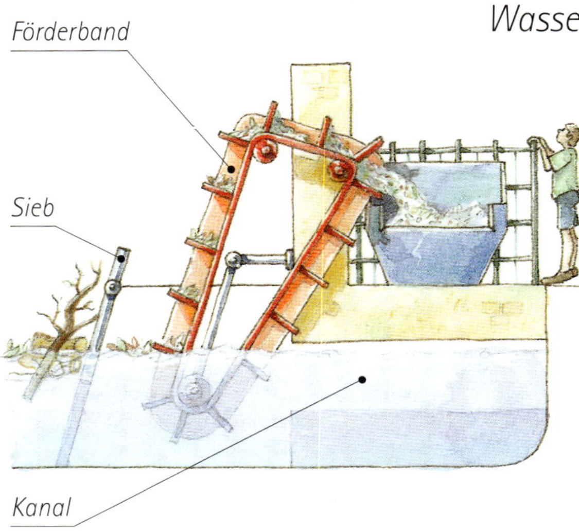

Das Mühlrad ist verschwunden. Ein Wasserkraftwerk sieht von außen wie ein ganz normales Haus aus, das nah am Wasser gebaut ist. Von außen ist kaum zu erkennen, dass es aus der Wasserströmung elektrischen Strom zaubern kann.

Als Erstes muss das Wasser vor der Mühle aufgestaut werden. So kann es seine ganze Kraft entfalten. Das Wasser wird in einen schmalen **Kanal** geleitet. Damit er

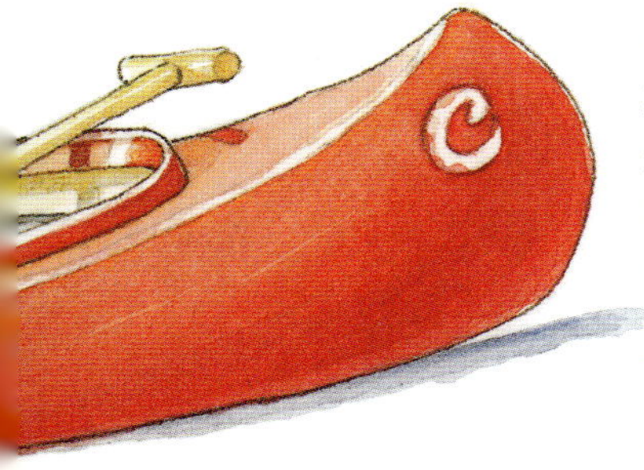

nicht verstopft, müssen Blätter, Äste und auch der Müll, der im Wasser schwimmt, herausgefischt werden. Vor einem **Sieb** zwischen Teich und Kanal sammelt sich dieser Unrat. Ein **Förderband** holt ihn aus dem Wasser. Der Abfall wird in Containern gesammelt. Das Wasser rauscht durch den Kanal und an dessen Ende direkt durch eine **Turbine.** Das ist nichts anderes als ein Mühlrad. Die Turbine ist aber nicht aus Holz, sondern aus Metall gefertigt und hat besonders geformte Schaufeln. Sie sorgen dafür, dass die Kraft des Wassers so gut wie möglich eingefangen wird.

Durch das Wasser angetrieben, dreht sich das Turbinenrad ganz schnell – und mit ihm dreht sich die Achse im **Generator.** Ihn kennt ihr schon aus dem Windrad: Es ist die Maschine, die ähnlich wie euer Fahrraddynamo funktioniert und das Drehen in elektrischen Strom verwandelt.

Hinter hohen Mauern

TALSPERRE

Wo es Berge gibt, gibt es auch Täler – und dort sind häufig Talsperren zu finden. Ihre Stauseen speichern Wasser für trockene Zeiten und liefern auch noch Strom.

Auf den ersten Blick sieht ein Stausee wie ein ganz gewöhnlicher See aus. Angler stehen am Ufer und warten auf einen guten Fang. Segelboote rauschen über das Wasser. Manchmal tuckern auch Schiffe umher. An den Ufern tummeln sich Fischreiher, Enten und andere Tiere, die das Wasser lieben.
Doch ein Stausee ist kein gewöhnlicher See. Er ist „künstlich" und von Menschenhand gebaut. Eine gigantische **Staumauer** sperrt das Tal ab. Meist ist die Mauer aus Beton errichtet, manchmal auch aus Ziegelsteinen oder Bruchsteinen aufgeschüttet und abgedichtet. Die Mauer und die Talseiten bilden eine riesige Wanne. Gefüllt wird diese Wanne durch Regenwasser und durch Gebirgsbäche, manchmal auch durch größere Flüsse.

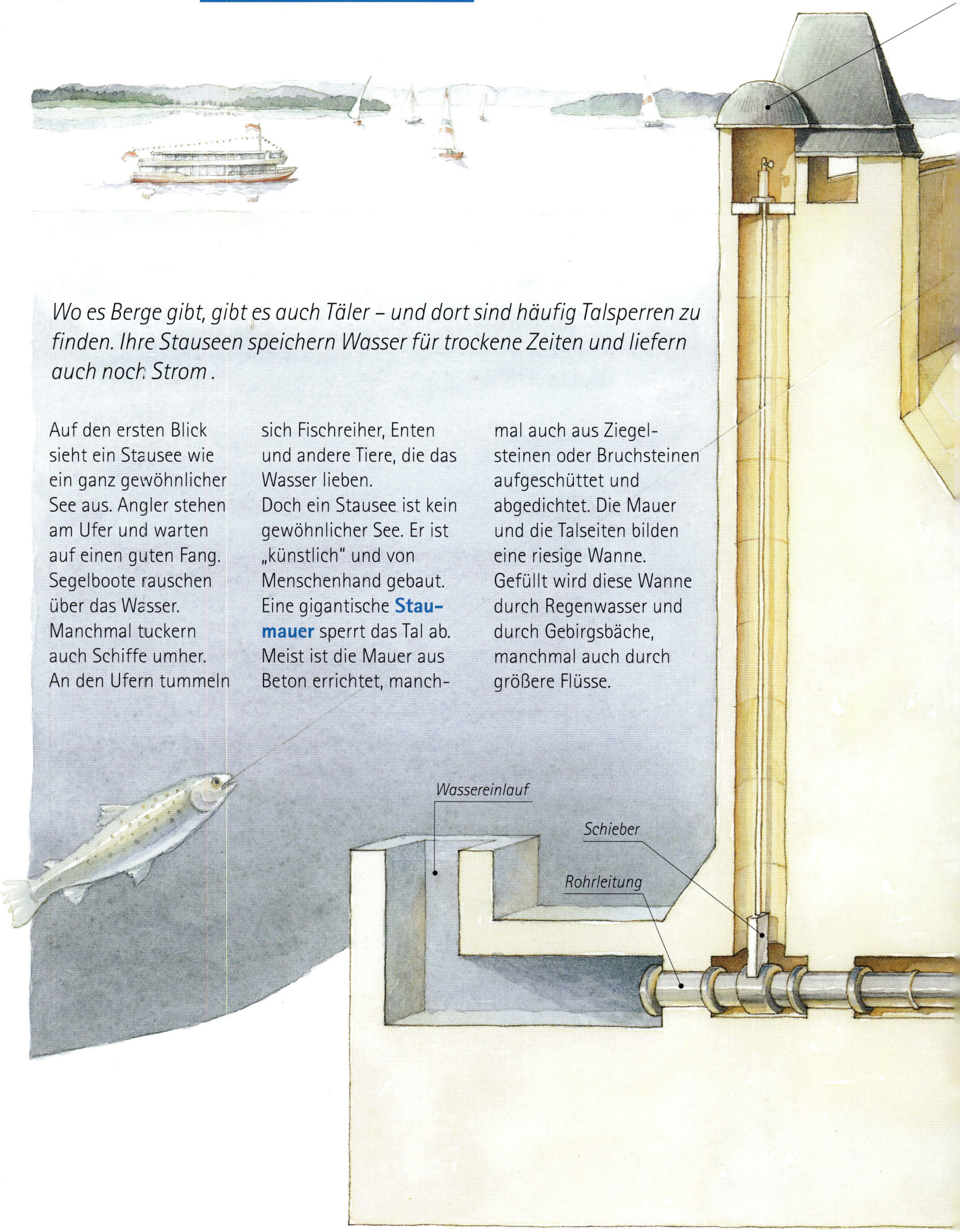

Die Talsperre sammelt das Wasser, staut es zu einem großen See und bewahrt es auf – als Vorrat für trockene Zeiten.
Talsperren werden meist gebaut, damit die Menschen ausreichend Wasser haben und auch längere Dürrezeiten gut überstehen können. In heißen Ländern wird das Wasser verwendet, um Felder und Pflanzen mit Wasser zu versorgen.
Talsperren werden auch dazu genutzt, um elektrischen Strom herzustellen. Dazu wird das Wasser des Stausees in **Rohren** durch die Staumauer geleitet. Diese Rohre sind so groß, dass selbst Erwachsene darin aufrecht herumlaufen könnten. Bei den größten Staudämmen der Welt sind diese Ablaufrohre sogar riesige Tunnel, in die ein doppelstöckiges Wohnhaus locker hineinpassen würde!
Das Wasser schießt durch eine riesige **Turbine,** die die Kraft des Wassers in Strom wandelt. Die Turbine ist von außen nicht sichtbar – aber wenn ihr diese Seite umklappt, könnt ihr sie sehen.

Kraft aus dem Meer fischen

GEZEITEN- UND WELLENKRAFTWERK

Ebbe und Flut, dazu hohe Wellen: Das Meer ist ständig in Bewegung. Lässt sich diese Kraft einfangen?

Das Gezeitenkraftwerk

Eine Talsperre direkt am Meer – das gibt es in Nordfrankreich zu bestaunen. Bei dieser Meerestalsperre steht das Wasser mal auf der einen Seite der Staumauer und mal auf der anderen Seite. Für dieses Hin und Her sorgen Ebbe und Flut – also die „Gezeiten", wie man am Meer sagt. Bei Flut drückt das Meerwasser von außen gegen die Staumauer. In ihr befinden sich **Rohre** mit **Turbinen.** Das Wasser strömt von der **Meerseite** in die Rohre. Es lässt die Turbinen drehen, die wiederum Stromgeneratoren antreiben. Bei Ebbe ist alles genau umgekehrt. Das Wasser drückt von der **Landseite** gegen die Mauer und kann nur durch die Rohre mit den Turbinen wieder zurück ins offene Meer. So geht das ständig hin und her. Die Turbinen sind so gebaut, dass sie sich immer drehen – egal, woher das Wasser kommt und wohin es will. Solche Gezeitenkraftwerke lassen sich nur dort bauen, wo das Meer sich zwischen Ebbe und Flut sehr stark hebt und senkt. Natürlich benötigt man auch eine passende Bucht. Deshalb gibt es nur wenige solcher Kraftwerke: das große in Nordfrankreich und einige kleinere in England, Russland und Kanada.

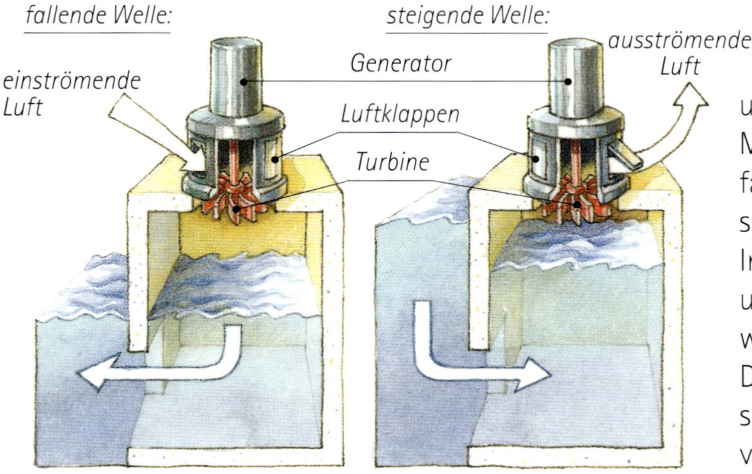

Das Wellenkraftwerk

Auch Meereswellen haben eine ungeheure Kraft. Aber wie fängt man sie ein? Auf der Insel Islay im Westen Schottlands haben es findige Ingenieure versucht – mit einem Wellenkraftwerk.

Die Wellen des Meeres drücken dabei in eine umgestülpte Betonwanne. Sie liegt knapp unter der Meeresoberfläche. Oben in der Wanne steckt ein Rohr. Die Luft wird durch dieses Rohr ausgestoßen und eingesogen. „Das Meer atmet und wir fangen das Atmen ein", so hat es einer der Ingenieure dieses ungewöhnlichen Kraftwerks beschrieben.
Die Luft aus dem Rohr strömt an einer Turbine vorbei. Deren Flügel sind so geschwungen, dass sich die Turbine immer in die gleiche Richtung dreht – egal, ob das Meer nun einatmet oder ausatmet. Dieses erste Wellenkraftwerk der Welt kann 300 Haushalte mit Strom versorgen. Viel ist das nicht. Aber die Ingenieure sagen: „Wir sind erst am Anfang. Das Flugzeug wurde auch nicht an einem Tag erfunden." Wellenkraftwerke könnten einmal in Hafenmauern oder Befestigungen überall entlang der Küsten eingebaut werden, so glauben die Forscher. Sie haben ausgerechnet: Aus den Wellen, die an die Küsten Europas branden, könnte man mindestens ein Zehntel der Strommenge erzeugen, die in Europa benötigt wird. Ob das tatsächlich einmal geschieht?

Getümmel in einer Hand voll Erde

Wie viele Lebewesen stecken in einer Hand voll Erde? Zehn? Fünfzig? Oder vielleicht hundert? Ob ihr es glaubt oder nicht: In einer Hand voll Erde stecken mehr Lebewesen, als auf der ganzen Welt Menschen leben, also mehrere Milliarden!
In der Erde könnt ihr die größten Lebewesen schon mit dem bloßen Auge entdecken, andere mit einer einfachen Lupe. Dann seht ihr Regenwürmer, Käfer, Ameisen, aber auch Milben oder Springschwänze.
Blickt ihr durch ein Mikroskop, dann seht ihr, dass es in der Erde nur so wimmelt. Unzählige Bakterien könnt ihr entdecken. Außerdem tummeln sich darin winzige Strahlenpilze und andere Kleinstlebewesen – oder „Mikro-Organismen", wie Fachleute sie nennen. All die großen und winzigen Lebewesen sorgen in einem Komposthaufen dafür, dass Gartenabfälle innerhalb weniger Wochen zu wertvoller Komposterde verwandelt werden.

Ein heißer Haufen

KOMPOST

Habt ihr schon einmal an einem kühlen Morgen gesehen, wie ein Komposthaufen vor sich hin dampft? Woher hat er seine Wärme?

Viele Gärtner legen Komposthaufen an. Sie werfen alles auf den Haufen, was verrotten kann: Baumrinde, Stroh, Blätter, Stängel, Pflanzenkraut, Mist, außerdem Kaffeesatz, zerdrückte Eierschalen, Rasenabfälle und ähnliches mehr. Aber warum wird dieser Abfall warm? Und wie wird daraus Komposterde? Dieses Zauberkunststück schaffen winzige Lebewesen, die „Mikro-Organismen". Sie sind nur unter einem Mikroskop zu erkennen. Obwohl sie so klitzeklein sind, haben sie einen enormen Appetit. Diese Tierchen fressen – pausenlos.

In den Pflanzenresten des Komposthaufens ist noch Sonnenenergie gespeichert. Darauf haben es die kleinen Lebewesen besonders abgesehen. Sie nehmen diese Energie auf. So kommt es, dass der Kompost sehr, sehr warm wird. Bis zu 70° Celsius kann der Haufen im Innern heiß werden! Diese Wärme kann ein Gärtner nicht auffangen. Sonst könnte er damit locker ein paar Tage heizen oder Wasser erwärmen. Die Hitze im Kompost sorgt aber immerhin dafür, dass viele Krankheitskeime und Unkrautsamen abgetötet werden. Nach einigen Tagen kühlt sich der Haufen ab. Dann machen sich etwas größere Tierchen über den Haufen her: Engerlinge, Asseln und Regenwürmer zum Beispiel. Nach etwa acht bis zwölf Wochen haben sie die Pflanzenreste in dunkle, nach Waldboden riechende Komposterde verwandelt. Sie ist ein wertvoller Dünger für den Garten.

Strom stinkt nicht

BIOGASANLAGE

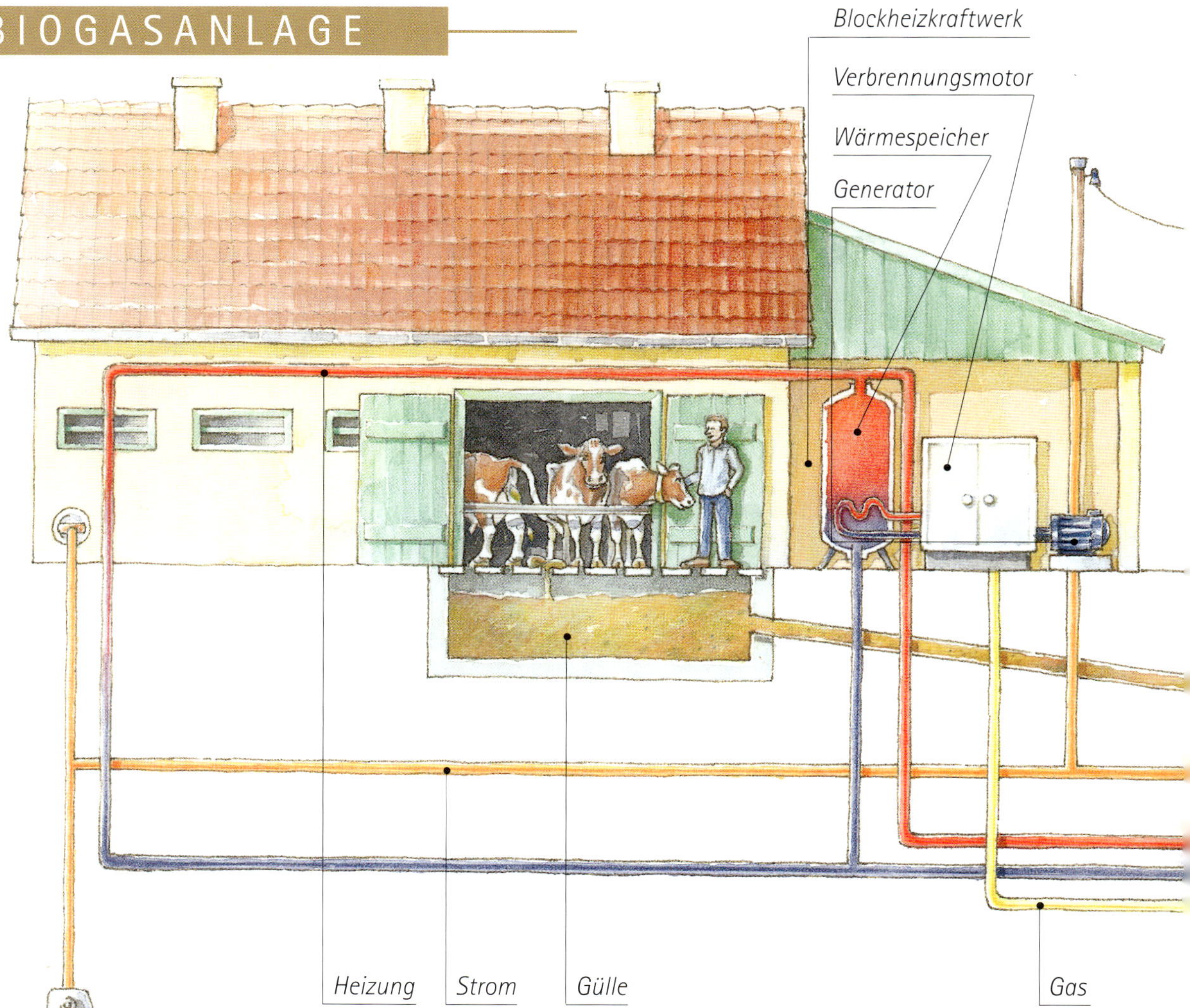

Aus Gülle lässt sich elektrischer Strom gewinnen. Auf etlichen Bauernhöfen geschieht das bereits – in Biogasanlagen. Wie funktionieren sie?

Für die Schweine, Rinder, Hühner und all die anderen Tiere auf einem Bauernhof gibt es kein Klo. Ihr Harn und ihr Kot wird unter dem Boden der Ställe gesammelt. Die dunkelbraune Brühe heißt Gülle. Sie läuft in eine Grube oder in einen großen Vorratsbehälter, in das Güllesilo. Gülle ist ein guter Dünger für die Felder. Doch bevor sie auf die Äcker ausgefahren wird, kann man mit ihr elektrischen Strom erzeugen.

Auch die Wärme aus dem Blockheizkraftwerk lässt sich nutzen. Mit ihr können die Viehställe und das Wohnhaus auf dem Bauernhof geheizt werden. Andere Wohnhäuser in der Nähe können ebenfalls mit Wärme versorgt werden. Auch in den Fermenter wird etwas von der Wärme geleitet. So kann die Gülle besser gären. Und was passiert am Ende mit der Gülle? Aus dem Fermenter wird sie in ein Silo gepumpt. Dort lagert sie, bis der Bauer damit seine Felder und Wiesen düngt. Weil die Brühe aus der Biogasanlage gegoren hat, riecht sie längst nicht so streng wie „normale" Gülle.

Eine

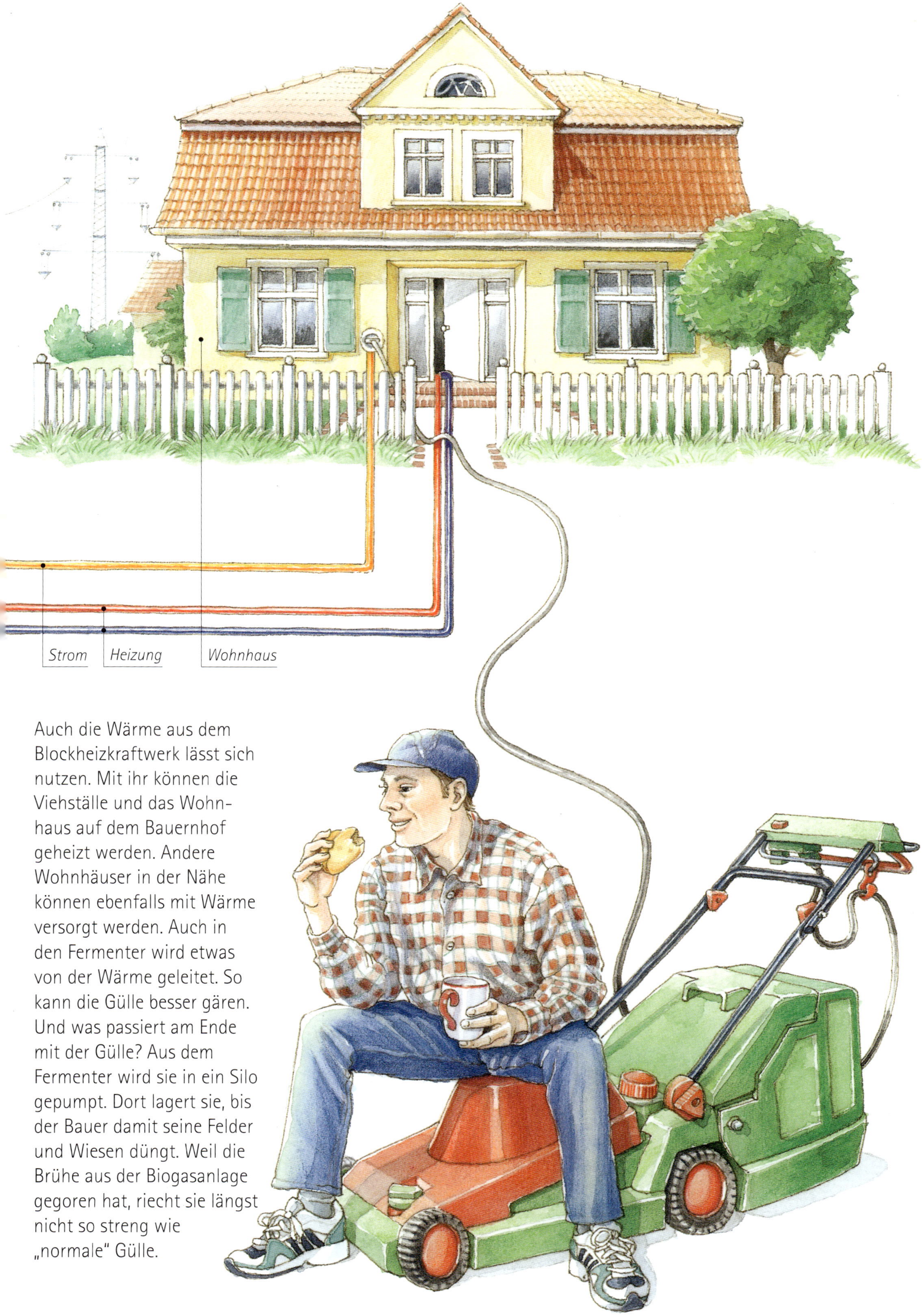

Auch die Wärme aus dem Blockheizkraftwerk lässt sich nutzen. Mit ihr können die Viehställe und das Wohnhaus auf dem Bauernhof geheizt werden. Andere Wohnhäuser in der Nähe können ebenfalls mit Wärme versorgt werden. Auch in den Fermenter wird etwas von der Wärme geleitet. So kann die Gülle besser gären. Und was passiert am Ende mit der Gülle? Aus dem Fermenter wird sie in ein Silo gepumpt. Dort lagert sie, bis der Bauer damit seine Felder und Wiesen düngt. Weil die Brühe aus der Biogasanlage gegoren hat, riecht sie längst nicht so streng wie „normale" Gülle.

Futter für die Kleinen

In der Gülle wimmelt es von winzigen Lebewesen wie Bakterien oder Pilzen. Man kann sie nur unter einem Mikroskop sehen. Aber sie schaffen das kleine Wunder: Je mehr Nahrung sie in der Gülle finden, umso schneller und gründlicher stellen sie Biogas her. Deshalb werden diese Lebewesen gefüttert. Mais, Gras oder Mist werden in die Gülle gerührt. Auch Biertreber oder Getreideschlempe können hineinkommen. Das sind biologische Reststoffe, die beim Bierbrauen oder Schnapsbrennen entstehen. Fettreste, Molke aus der Milchverarbeitung oder Reststoffe aus einer Ölmühle können ebenfalls als zusätzliches „Futter" dienen.

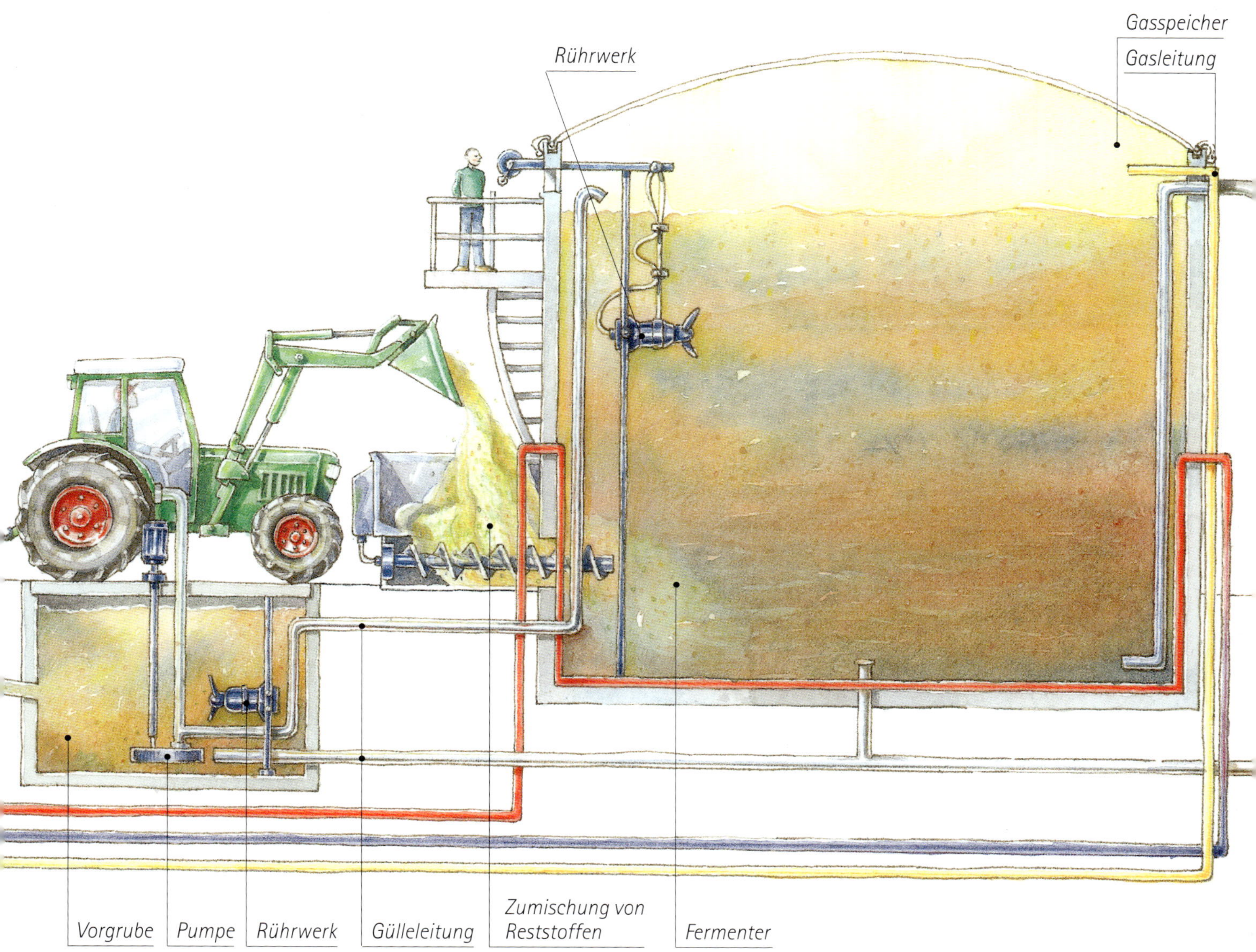

Strom aus Gülle: Wie geht das?

Aus dem Viehstall des Bauernhofes läuft die Gülle in eine **Vorgrube.** Dort wird sie gemixt, verrührt und auf ihren „großen Auftritt" im **Fermenter** vorbereitet. So heißt der Tank, in den die Gülle gepumpt wird. Der Fermenter ist luftdicht abgeschlossen. In ihm beginnt die Gülle zu gären. Das heißt: Winzige Bakterien, Hefezellen und Schimmelpilze zersetzen die Gülle. Dabei steigen Bläschen auf. Die Brühe beginnt zu sprudeln und zu blubbern. Es entsteht „Biogas". Für die Chemie-Expertinnen und -Experten unter euch: Das Biogas ist ein Gemisch verschiedener Gase. Kohlendioxid ist dabei, auch ein wenig Stickstoff und Wasserstoff. Vor allem aber besteht das Biogas aus Methan, einem leicht brennbaren Gas. Dieses Gasgemisch wird in einem **Gasspeicher** gesammelt. Von dort aus wird es in ein **Blockheizkraftwerk** gepumpt. In ihm ist ein **Verbrennungsmotor** direkt mit einem **Stromgenerator** verbunden. Das Biogas also treibt den Motor an und der wiederum setzt einen **Stromgenerator** in Gang. Dieser Generator erzeugt elektrischen Strom – und zwar mehr als genug für den Bauernhof. Meistens kann noch eine Menge Strom ins Stromnetz geleitet werden.

Eine

Batterie der Sonne

HOLZVERBRENNUNG

Ein Holzstück ist fast so etwas wie eine Batterie. In ihm ist aber kein Strom gespeichert, sondern Sonnenenergie. Sie wird entladen, wenn das Holzstück verbrennt. Aber was passiert da genau? Und wie kommt die Energie ins Holz hinein?

Bäume können Sonnenenergie einfangen und in ihrem Holz speichern. Dieses Wunder vollbringen die Blätter der Bäume. Die Blätter brauchen dafür vor allem drei Dinge:

- Wasser und Nährstoffe aus der Erde,
- Sonnenlicht und
- Kohlendioxid, das ist ein Gas in der Luft.

In einem chemischen Prozess wandeln die Blätter das alles um. Dabei entsteht Sauerstoff – das ist ein Gas, das die Blätter in die Luft abgeben und das wir Menschen zum Leben benötigen.
Dabei entstehen außerdem Kohlenhydrate – das sind energiereiche chemische Stoffe, die die Bäume in ihrem Holz speichern. Drei Dinge braucht auch ein Feuer, damit es brennen kann:

- Sauerstoff aus der Luft,
- Hitze zum Anzünden und
- einen Brennstoff, in unserem Fall also Holz.

Fehlt eines dieser drei Dinge oder stimmt das Verhältnis zueinander nicht, gibt es auch kein Feuer. So kann ein Stück Holz lange an der freien Luft und von Sauerstoff umgeben liegen, ohne dass es brennt. Erst wenn Hitze dazukommt, lodert Feuer aus dem Holz auf. Die Hitze kann durch Reibung entstehen; das wussten schon die Steinzeitmenschen, wenn sie ein Feuer entfachen wollten. Die Hitze kann aber auch von einem Blitzschlag im Wald stammen oder durch ein brennendes Stück Papier im Kamin.

Was passiert nun, wenn Holz brennt? Genau wissen das selbst die Forscher bis heute nicht. Sicher ist, dass die Hitze die Kohlenhydrate des Holzes zerstückelt und dass dabei viel Licht und Wärme frei wird – es ist die Energie, die von der Sonne stammt und die der Baum eingefangen hat.
Sicher ist auch, dass beim Verbrennen ein wenig Wasser entsteht. In der Hitze über dem heißen Feuer verdampft es sofort. Auch Kohlendioxid entsteht. Es entschwindet in der Luft, bis ein Baum oder eine andere Pflanze dieses Gas wieder einfängt und mit seiner Hilfe wieder Sonnenenergie speichert.

Feuer: eine heiße Entdeckung

Feuer ist die älteste Energiequelle der Menschheit. Schon die Steinzeitmenschen nutzten es, um sich zu wärmen und um Nahrungsmittel zuzubereiten. Die Energie des Feuers wussten sie auch einzusetzen, um Metalle aus Eisenerz zu gewinnen, um Tontöpfe zu brennen oder um Glas zu erschmelzen.
Feuer ist bis heute überall zu finden: in Kraftwerken zum Beispiel, wo mit Feuer Dampf erzeugt wird, der wiederum Turbinen antreibt. Oder in jedem Automotor, in dem Benzin und Diesel verbrennen und so den Motor antreiben. Feuer ist auch ein „Gast" in unseren Häusern und Wohnungen. Die meisten haben eine Öl-, viele eine Gas- und nicht wenige auch eine Holzheizung oder einen Kamin.

Rapspflanze
in voller Blüte

Nicht nur Ölscheichs, sondern auch Bauern besitzen Ölfelder. Aber keine Bohrtürme, Kräne oder Pumpen stehen auf den Feldern, sondern gelb blühende Rapspflanzen.

Vor allem im Frühsommer sind Rapsfelder unübersehbar. Die Pflanzen blühen dann in kräftig leuchtendem Gelb. Aber wo ist das Öl? Wie wird es aus Raps gewonnen? Und was kann man damit anfangen?
Aus den gelben Blüten des Rapses wachsen nach einigen Wochen Schoten. In diesen Schoten stecken viele kleine schwarzbraune Samenkörner. Sie enthalten sehr viel Öl. Aus den Rapskörnern wird ein nahrhaftes, gesundes Speiseöl gewonnen. Dieses Öl ist dunkelgelb und sieht fast aus wie flüssiger Honig.
Rapsöl schmeckt ein wenig nach Nüssen. Es kann zum Beispiel für den Salat verwendet werden,

Die Ölfelder der Bauern

RAPSÖL UND BIODIESEL

verträgt aber auch Hitze. Deswegen kann Rapsöl auch zum Braten in der Pfanne genutzt werden. Das Rapsöl kann aber noch mehr. Es kann einen Auto- und Treckermotor antreiben. Doch dazu muss das Rapsöl erst verwandelt werden. Das geht mit einem Trick. Dabei wird das Öl mit einer Art

Alkohol vermengt. Für die Chemiekenner unter euch: Es wird Methylalkohol hinzugegeben. Dann wandelt sich das Rapsöl zu Biodiesel. Nebenbei fällt noch ein anderer Stoff ab, das Glyzerin. Es wird zum Beispiel verwendet, um Cremes und Salben herzustellen. Mit dem Biodiesel kann dann ein Auto oder ein Trecker losbrausen.

Nicht mahlen, sondern „schlagen"

Raps wird im Juli mit dem Mähdrescher geerntet – fast so wie Getreide. Die trockene Rapspflanze wird geschnitten und gedroschen. Die wertvollen Ölkörner werden dabei im Mähdrescher gesammelt und dann auf den Anhänger geschüttet. Der Bauer fährt mit dem Anhänger zur Ölmühle. Dort werden die Körner gereinigt.
Dann werden sie aber nicht gemahlen – wie Getreide –, sondern sie werden „geschlagen". So nennen das die Ölmüller, wenn sie aus Raps Öl gewinnen. Früher war das wirklich noch so: Die Körner wurden zu einem Brei gestampft und ein wenig erwärmt; dann wurde das Öl mit Hilfe von Keilen und Stampfen „ausgeschlagen".
Heute werden die Rapskörner in den Ölmühlen gequetscht und gepresst, bis das Öl herausrinnt. Übrig bleiben die Schalen der Körner. Sie sind ein gutes Tierfutter.

Test mit dem Gartenschlauch

An einem Sommertag könnt ihr selber die Kraft der Sonne einsammeln. Schließt dazu einen schwarzen oder möglichst dunklen Schlauch an den Wasserhahn im Garten an. Dreht den Wasserhahn auf, sodass kühles Wasser aus dem Schlauch spritzt. Dann schließt ihr die Düse vorne am Schlauch und wartet ein wenig ab. Wenn ihr die Düse wieder öffnet, schießt warmes Wasser aus dem Schlauch.
Vorsicht: Das Wasser kann sehr heiß sein!
In einem hellen oder sogar weißen Schlauch würde sich das Wasser kaum erwärmen. Die weiße Farbe des Schlauches spiegelt die Sonnenstrahlen zurück. Die schwarze Farbe hingegen „schluckt" die Sonnenstrahlen. Dabei heizt sich der schwarze Schlauch auf – und mit ihm das Wasser.

Ein Sonnenkollektor sieht wie ein rechteckiger Kasten aus. Er wird auf das schräge Hausdach geschraubt, sodass er möglichst viel von der Sonne beschienen wird. Der Boden und der Rahmen sind aus Metall und innen schwarz gestrichen. In diesem schwarzen Kasten schlängeln sich **Röhren aus Metall.** Sie haben ebenfalls eine schwarze oder dunkelbraune Farbe. Nach oben, zur Sonne hin, ist der Kollektor mit einer durchsichtigen **Glasscheibe** bedeckt. Die Sonnenstrahlen scheinen durch diese Scheibe hindurch – direkt auf die schwarzen Röhren. Diese heizen sich auf. Im Sommer, wenn die Sonne besonders lange und intensiv scheint, können die Röhren bis zu 100 Grad Celsius heiß werden.

Heizen mit der Sonne

SONNENKOLLEKTOR

„Kollektor" – das heißt nichts anderes als „Sammler". Ein Sonnenkollektor sammelt die Wärmestrahlen der Sonne und wärmt damit Wasser auf: für die Heizung im Haus, für die Dusche oder für die Badewanne.

Eine **Pumpe** unter dem Dach schiebt Wasser durch die Röhren. Kalt kommt das Wasser durch den **Wassereinlauf** in den Kollektor. Das Wasser durchläuft die Röhren und wird dabei erhitzt. Kochend heiß brodelt es am **Wasserauslauf** wieder heraus.
Das erhitzte Wasser wird durch Rohre ins Haus geleitet. Dort gibt es die Wärme an das Brauchwasser oder an die Heizung ab. Aber was ist, wenn die Sonne einmal nicht scheint? Müssen dann alle im Haus kalt duschen und in eisigen Wohnzimmern frieren? Natürlich nicht, denn in solchen Fällen springt eine **Zusatzheizung** an, die zum Beispiel mit Erdgas gefeuert wird.

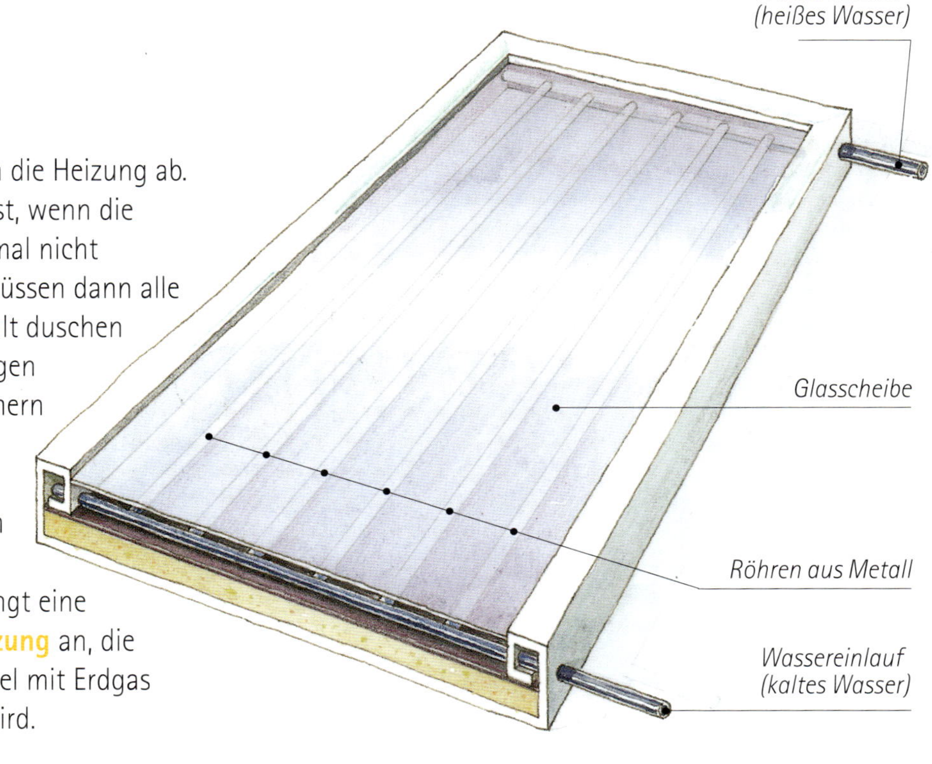

Die Sonne knipst da

SOLARZELLE

Das Wörtchen „solar" bedeutet so viel wie „von der Sonne". Solarzellen wandeln die Lichtstrahlen der Sonne in elektrischen Strom um. Wie gelingt den blau glitzernden Scheiben dieses Zauberkunststück?

Stellt euch einen Golfplatz vor. Ein Spieler legt den Ball vor sich, nimmt den Schläger und schießt damit den Ball in ein entfernt liegendes Loch. Ähnliches passiert in der Solarzelle. Sie ist aus zwei hauchdünnen Schichten zusammengelegt. In der einen Schicht liegen die „Bälle", in der anderen Schicht die „Löcher". Und was der Spieler auf dem Golfplatz mit seinem Schläger schafft, das schafft in der Solarzelle die Sonne mit ihren Lichtstrahlen. Sie „schlägt" Bälle aus der einen Schicht der Solarzelle in die Löcher der anderen Schicht. Bälle und Löcher sind natürlich nicht so groß wie echte Golfbälle, sondern so klein, dass man sie selbst unter dem schärfsten Mikroskop der Welt nicht erkennen kann. Die Bälle – das sind in Wirklichkeit Elektronen, also winzigste Atomteilchen. Und noch etwas ist in der Solarzelle anders: Ist ein Elektron verschossen, rückt sofort das nächste nach – das dann wieder verschossen wird. Die Elektronen wandern also ständig von der einen Schicht zur anderen. Und auch die „Löcher", die sie hinterlassen, wandern – in die entgegengesetzte Richtung. Das alles geschieht aber erst, wenn Sonnenlicht die Elektronen in Bewegung setzt. Ohne Licht herrscht Stillstand. Diese Wanderung der Elektronen ist nichts anderes als elektrischer Strom. Wenn man beide Schichten mit einem Draht verbindet und eine Lampe anschließt, beginnt die Lampe zu leuchten.

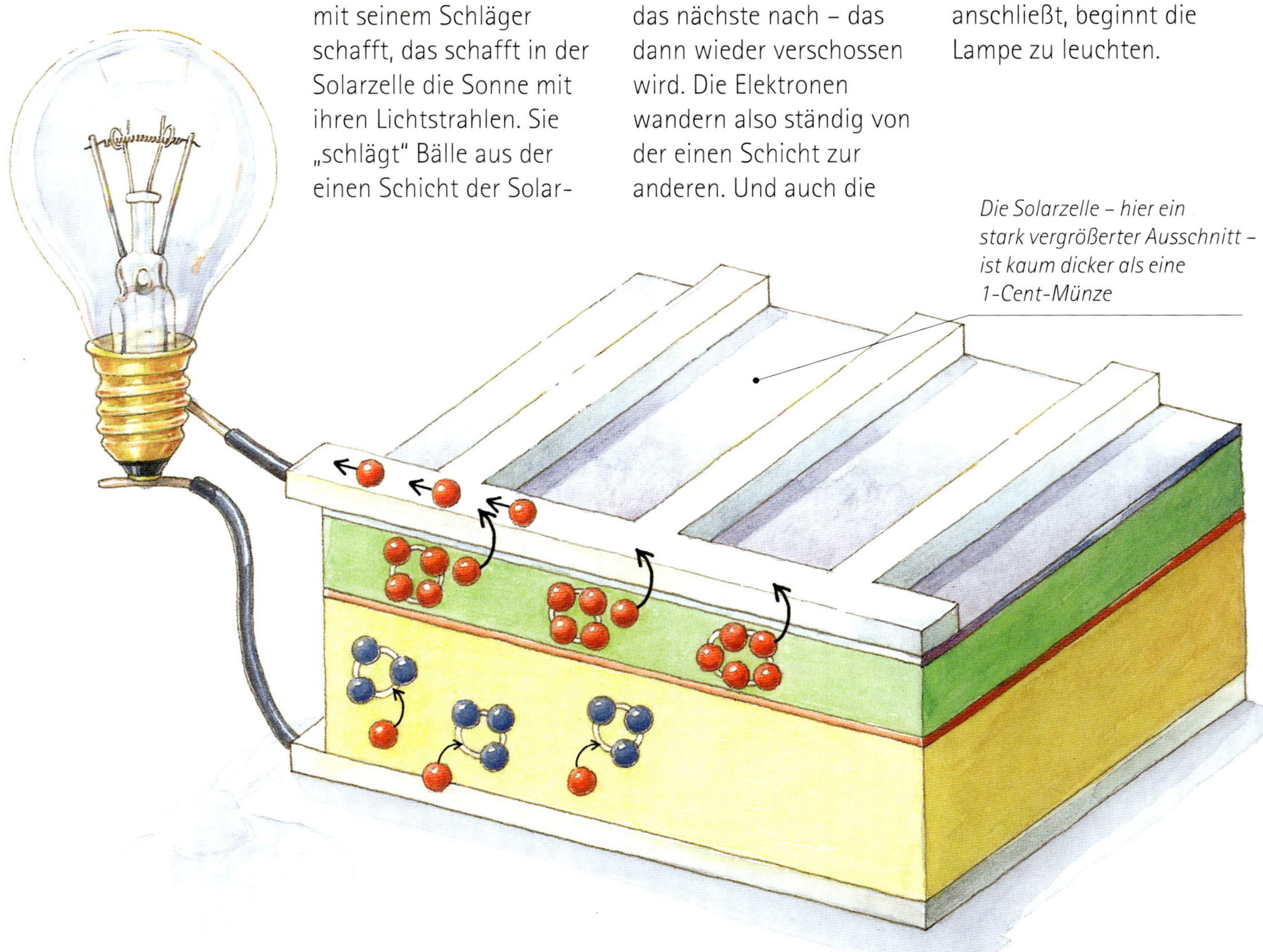

Die Solarzelle – hier ein stark vergrößerter Ausschnitt – ist kaum dicker als eine 1-Cent-Münze

icht an

Einmal Weltall und zurück

Solarzellen wurden für die Raumfahrt entwickelt. Mit ihnen sollten Sonden und Satelliten im Weltall Strom von der Sonne tanken. Aber längst sind die Solarzellen auch auf der Erde zu finden: in Taschenrechnern, auf Bushaltestellen, auf Parkuhren, auf Wohnhäusern und manchmal sogar auf besonderen Autos, den „Solarmobilen". Solarzellen werden aus Silicium herstellt. Dieser Stoff steckt in Sand, Steinen und Bergkristallen, aber auch in Pflanzen, Tieren und sogar in uns selber, im menschlichen Körper. Ganz fein gemahlen sieht Silicium wie ein graubraunes Pulver aus. Aus reinem Silicium werden auch wichtige Computer-Bausteine gefertigt, die Computer-Chips.

Wer hat dieses Buch geschrieben und gemalt?

Gisbert Strotdrees wohnt mit seiner Familie in Münster. Er ist Redakteur beim Landwirtschaftlichen Wochenblatt Westfalen-Lippe und schreibt dort unter anderem für die Kinderseite.

Gabi Cavelius wohnt mit ihrer Familie in Münster. Sie arbeitet als Grafikerin und Buch-Illustratorin.

Gabi Cavelius und Gisbert Strotdrees haben im Jahr 2000 ihr erstes gemeinsames Kinderbuch veröffentlicht.
Es trägt den Titel „Was brummt da auf dem Bauernhof? Technik in der Landwirtschaft für Kinder leicht erklärt" und ist im Landwirtschaftsverlag Münster erschienen.
Das Buch ist mittlerweile in fünf Sprachen übersetzt:
Englisch, Französisch, Niederländisch, Schwedisch und Polnisch.